Avril 1894

ANNALES
DE MICROGRAPHIE

SPÉCIALEMENT CONSACRÉES

A LA BACTÉRIOLOGIE

AUX PROTOPHYTES ET AUX PROTOZOAIRES

RÉDACTEUR PRINCIPAL

P. MIQUEL, Docteur en médecine, Docteur ès-Sciences
Directeur du Service micrographique à l'Observatoire municipal de Montsouris

SECRÉTAIRES DE LA RÉDACTION

FABRE-DOMERGUE, Docteur ès-Sciences, Directeur adjoint
du laboratoire de Zoologie maritime de Concarneau.

Ed. DE FREUDENREICH, Directeur du Service bactériologique de l'école de laiterie de la Rütti (Berne).

Contribution à l'étude des fermentations
de la lactose
Par M. le Dr Nicolas BOCHICCHIO

PARIS
GEORGES CARRÉ, ÉDITEUR
3, RUE RACINE, 3

CONTRIBUTION A L'ÉTUDE

DES

FERMENTATIONS DE LA LACTOSE

Note sur une nouvelle levure de la lactose
produisant aussi le boursouflement des fromages

Par M. le Dr Nicolas BOCHICCHIO

PROFESSEUR ET VICE-DIRECTEUR DES ÉCOLES AGRICOLES ITALIENNES (1)

———

Dans le cours d'études microbiologiques consacrées à l'industrie laitière en général et spécialement aux fromages italiens, que j'ai faites dans le laboratoire de l'Université de Berne, j'ai trouvé dans un échantillon de fromage *Grana* frais de la Lombardie, âgé de quatre jours et fait à l'École agricole de Brescia, une levure tout à fait particulière. Ce microorganisme transforme rapidement en produits gazeux, dans des conditions favorables du milieu ambiant, une quantité considérable de différentes matières sucrées (lactose, saccharose, glucose, etc.), et principalement la lactose, renfermées dans les milieux nutritifs. C'est pour cela qu'elle possède la faculté de produire le boursouflement si fâcheux des fromages, même de ceux à *pâte ferme* et *cuite*, ainsi que le démontrent les expériences d'infection artificielle que j'ai faites dans ce but et dont je dirai quelques mots plus tard.

Je commencerai par rapporter en entier les observations et le résultat des recherches que mon ami M. le Dr Joseph Sartori, professeur de chimie appliquée à la laiterie de l'École agricole de Brescia, a bien voulu se charger d'exécuter et de me transmettre (et que je remercie encore une fois ici),

———

(1) Une communication préliminaire à ce sujet a déjà été faite à la *Société d'Histoire naturelle de Berne*, le 3 mars 1894.

pour démontrer la présence de ce microbe même dans des fromages tout à fait normaux, dès le début de leur maturation.

Date de la fabrication. — Orzivecchi (Brescia), 26 novembre 1893.

1° *Données zootechniques.* — Le lait a été produit par 44 vaches laitières suisses en bonnes conditions de santé. — Fourrage sec et vert, c'est-à-dire foin et herbe (humide) des *marciti* de la Lombardie (prairies à irrigation continue pendant l'hiver et discontinue pendant l'été). — Température extérieure : 8°C. — Température des étables : 20°C.

2° *Données technologiques.* — Lait employé : 380 litres.

Durée du repos du lait dans les bassins pour l'écrémage : 30 heures.

Crème obtenue : 20 litres. — Beurre retiré : 7,500 kilogrammes.

Présure liquide employée (de la force de 1 : 80,000) : 19 centimètres cubes.

Durée de la coagulation : 1 h. 5.

Durée du repos du caillé : 10 minutes.

Température du premier chauffage : 44°C.
» second » 50°C.

Durée du chauffage : 35 minutes.

Poids du fromage frais, après 24 heures : 25 kilogrammes.

Marche normale de la fabrication.

Caractères du fromage frais : normaux.

3° Analyse du lait :

Poids spécifique à + 15°C. = 1,0306

Eau	87,50
Matière grasse	3,45
Matières albuminoïdes	3,50
Lactose	4,73
Sels minéraux	0,77
	99,95
Pertes	0,05
Total	100,00

4° Analyse du fromage, 16 heures après sa préparation :

Eau	48,37
Matière grasse	13,24
Matières albuminoïdes	31,88
Amides	1,02
Acide lactique	0,31
Lactose	1,50
Cendres (sels)	3,71
Total	100,03

De ce qui précède il résulte qu'il s'agissait d'un fromage à *pâte cuite*, presque *mi-gras* et préparé dans des conditions normales de fabrication. En outre, la pâte de ce fromage devient granuleuse par suite du procédé de la fabrication, d'où probablement son nom.

L'analyse bactériologique a été commencée le 30 novembre, c'est-à-dire quatre jours environ après sa fabrication ; l'échantillon envoyé avait une réaction presque neutre et un goût assez agréable. Elle décela à peu près 120-160 millions de microbes par gramme avant le salage, et 250 millions en moyenne par gramme après un mois de conservation dans une solution saturée de sel ordinaire. Ces bactéries sont représentées spécialement par des ferments lactiques non liquéfiants. Il y avait très peu de bactéries liquéfiantes et de levures. Ces chiffres peuvent paraître surprenants, ils se rapprochent toutefois de ceux trouvés par M. de Freudenreich dans des fromages de l'Emmenthal.

Mais, avant de décrire cette levure spéciale, je donnerai d'abord un aperçu succinct des études déjà faites précédemment sur les agents du boursouflement des fromages ainsi que des levures alcooliques de la lactose, dont la propriété de boursoufler le fromage n'est pas encore bien prouvée.

D'après M. de Freudenreich [1], les bactéries produisant le boursouflement des fromages seraient les suivantes :

1° *Bacillus Schafferi* (Freudenreich) [2], certainement parent des nombreuses espèces bactériennes qui peuplent l'intestin et qui appartiennent au groupe du

---

(1) *Les microbes et leur rôle dans la laiterie*. Paris, G. Carré, éditeur, 1894, p. 55-60.

(2) *Annales de Micrographie*. t. III. 1890-91. p. 161.

2° *Bacterium coli commune*, d'où la nécessité de bien observer la plus scrupuleuse propreté pendant la traite ;

3° *Bacillus Guillebeau a*, *b* et *c* (1), rencontrés par le professeur Guillebeau dans des cas de mastite et dont la propriété de provoquer le boursouflement des fromages a été bien établie par M. de Freudenreich :

4° Deux variétés de microcoques trouvées par M. Adametz à Sornthal et rangées aussi parmi les agents des mastites ;

5° Plusieurs microcoques et streptocoques (Adametz, Macé, Hueppe) rencontrés dans des cas de mastite et ensemencés dans du lait ; ils y provoquent généralement une vive fermentation :

6° Microbes qui, dans les dédoublements qu'ils provoquent aux dépens du sucre de lait, produisent de grandes quantités d'autres gaz que l'anhydride carbonique. ainsi, par exemple, de l'hydrogène. À cette catégorie appartiennent aussi les bactéries suivantes :

7° Deux bacilles trouvés dans le lait et étudiés récemment par Weigmann, qui, dans ses expériences, produisirent dans de petits fromages d'essai des trous de la grandeur d'un œuf de pigeon :

8° *Bacillus actinobacter polymorphus* de Duclaux et encore d'autres bacilles que ce dernier savant a trouvés dans des *fromages à pâte molle :*

9° Quelques levures. paraissant aussi susceptibles de provoquer des fermentations dans la pâte du fromage, mais probablement seulement dans des *fromages à pâte molle.*

M. Adametz (2) donne la liste suivante, encore plus détaillée et complète :

Aperçu succinct des principaux microbes qui causent le boursouflement du fromage ;

I. — *Bactéries boursouflant les fromages et se montrant en même temps pathogènes;*

A) *Agents de la mastite infectieuse des vaches ;*

---

(1) *Annales de Micrographie*. t. II, p. 353 ; et *Milchindustrie*, 1890. n° 8.

(2) *Ueber die Ursachen und Erreger der abnormalen Reifungsvorgänge beim Käse*. Bremen, 1893, p. 54-55.

1° *Micrococcus Sornthali.* N° 1, Adametz (1) ;

2°   »   »   2,   »

3° *Bacillus Guillebeau* a, b et c, de Freudenreich-Guillebeau (37) ;

4° *Micrococcus der Gelben Galt.* variété fermentaire, Adametz ;

5° *Streptococcus de la mammite contagieuse,* variétés a, b et c, Macé ;

6° *Micrococcus mastitis* (du Laboratoire de Hueppe).

B) *Agents de l'entérite infectieuse, de la dysenterie des veaux,* etc., (syn. bactéries des matières excrémentielles des veaux) ;

1° *Bacterium coli commune,* Escherich.

2°   »   *lactis aerogenes*   »

II. — *Bactéries du boursouflement des fromages non pathogènes, du groupe des agents des fermentations et des putréfactions ordinaires :*

1° *Bacillus du boursouflement des fromages.* N° I, Weigmann (3);

2° *Bacillus du boursouflement des fromages.* N° II. Weigmann ;

3° *Bacillus Schafferi,* de Freudenreich (4) :

4° *Bacillus actinobacter polymorphus,* Duclaux ;

5° *Bacillus diatrypeticus casei,* Baumann :

III. — *Agents du boursouflement des fromages du groupe des Schizomycètes qui, dans les conditions ordinaires, produisent une maturation normale du fromage.*

1° *Tyrothrix (Bacillus) urocephalum,* Duclaux ;

2° *Tyrothrix (Bacillus) tenuis,* variété fermentaire, Duclaux-Winker ;

3° *Tyrothrix (Bacillus) catenula,* Duclaux (?);

4°   »   »   *clariformis*   »   (?) :

IV. — *Saccharomycètes qui provoquent le boursouflement du fromage* (variétés de *Torula* et de *levures* qui font fermenter la lactose) :

---

(1) Les espèces citées sont classées d'après la date de leur découverte.

(2) *Annales de micrographie, l. c.* — *Milchindustrie. l. c.* — LANDW. *Jahrbuch der Schweiz,* 1890, p. 27 et suivantes.

(3) LANDW. *Wochenblatt für Schlesvig-Holstein.* 1890. n° 37. p. 290. *Über die Lochbildung und Blähung der Käse.*

(4) *Annales de Micrographie, l. c.*

— 6 —

1° *Torula-Duclaux*, Duclaux ;
2° *Saccharomyces lactis*, Adametz ;
3°   »   *Kefyr*, Beyerink ;
4°   »   *Tyrocola*,   »
5° *Levure de la lactose*, Weigmann ;
6° *Levure de la lactose*, Kayser ;
7°   »   »   Mix ;
8°   »   »   Adametz-Winkler.

C'est précisément à cette dernière catégorie de Saccharomycètes (qu'on pourrait nommer *Lactomyces* ou *Galactomyces*) qu'appartient la levure que j'ai trouvée dans le fromage *Grana* de la Lombardie.

G. Kayser (1), dans son Mémoire sur les levures alcooliques de la lactose, cite d'abord les levures étudiées par MM. Duclaux, Adametz, Weigmann, Grotenfeld et Beyerink et expose les résultats de ses propres recherches comparatives sur la levure de M. Adametz, de M. Duclaux et la sienne, retirée du lait d'une ferme de la Brie, à l'égard d'une levure ordinaire de brasserie. Mais toutes ces levures diffèrent beaucoup de la mienne, spécialement au point de vue de leur action sur le lait, de leur bourgeonnement et encore par certains caractères morphologiques et physiologiques spéciaux. L'auteur même, en outre, ne parle point du boursouflement des fromages provoqué par ces levures.

Pour le moment je me bornerai à exposer brièvement les résultats principaux des recherches que j'ai déjà faites à cet égard : mais plus tard j'y reviendrai, avec plus de détails, en publiant les résultats des études chimiques que je poursuis actuellement au sujet de cette levure.

En général, ce microorganisme est peu exigeant ; sa facilité d'adaptation et de croissance est très remarquable comparée à celles des autres microbes du lait et des fromages que j'ai isolés et étudiés jusqu'ici. C'est pour cela qu'il se développe plus aisément que les autres bactéries et devient

---

(1) Contribution à l'étude physiologique des levures alcooliques de la lactose (travail du laboratoire de fermentations à l'Institut agronomique). *Annales de l'Institut Pasteur*, 5ᵉ année, déc. 1891, vol. V, n° 12.

bientôt prédominant dans les différentes formes d'associations microbiennes; il est, par conséquent, très dangereux dans la laiterie. En effet, il croît très facilement dans tous les milieux nutritifs, même mélangé avec d'autres bactéries, et également dans les terrains de culture déjà altérés par d'autres microbes; il vit aussi dans l'eau distillée et sur le gypse. Dans les cultures en surface et sur les plaques, en particulier, il forme de belles colonies rondes, à bords entiers. ne liquéfiant pas la gélatine, à granulations très fines, blanchâtres ou grisâtres, dont le diamètre varie de quelques dixièmes de millimètre jusqu'à quelques millimètres, selon que les colonies se trouvent plus ou moins isolées ou situées à plus ou moins de profondeur et suivant les conditions du milieu ambiant.

Sur les plaques d'agar-agar ordinaire, glycériné ou sucré, au lait et au sérum de lait, cette levure forme des colonies presque parfaitement rondes, avec un diamètre de 2 à 3 millimètres, tout à fait opaques, peu ou assez saillantes à la surface du substratum, blanchâtres vues à la lumière directe, grisâtres vues au microscope, à structure presque crypto-cristalline, à bords complètement entiers. Sur les plaques de gélatine ordinaire au sérum de lait elle donne naissance à des colonies parfaitement rondes et isolées, petites (avec un diamètre de quelques dixièmes de millimètre jusqu'à un millimètre, au maximum), également à granulation très fine, presque tout à fait blanches et semi-transparentes aux bords, qui sont parfaitement entiers et légèrement luisants. Sur l'agar-agar, sur la gélatine en surface inclinée et sur les pommes de terre elle produit d'ordinaire une couche blanchâtre, continue et quelquefois aussi des colonies isolées et plutôt petites, selon le degré des dilutions employées pour faire les plaques. Les cultures dans le bouillon ordinaire, à la peptone de Chapoteau ou à celle de Witte, troublent d'abord fortement le liquide et donnent ensuite un dépôt blanchâtre, continu et assez compact au fond du récipient. Elle atteint son développement maximum, en répandant une odeur de moût en pleine fermentation alcoolique, dans les milieux sucrés en général, et surtout dans ceux additionnés de lactose et exposés à l'air et à une température plutôt élevée. Dans les milieux liquides sucrés elle produit une vive effervescence et une belle écume blanche. Dans les cultures profondes, par piqûre, dans l'agar-agar glycériné ou sucré, elle se développe dans toute la région du canal d'inoculation et spécialement près et autour de l'ouverture de la piqûre même et les cultures sont alors blanchâtres, presque continues et toujours granuleuses. Elle se comporte de même dans la gélatine ordinaire et au sérum de lait. Les cultures par piqûre dans l'agar-agar sucré produisent des bulles de gaz très nombreuses et très grosses et bien souvent elles provoquent la rupture complète de la colonne solide. De grandes bulles se forment aussi dans la gélatine au sérum de lait et parfois même dans l'agar seulement glycériné, dans lequel la même levure inoculée par piqûre et recouverte de paraffine se développe avec beaucoup de peine, très lentement et seulement tout près de la ligne de séparation des deux substances, en donnant lieu aussi à la production de bulles de gaz.

Cette levure produit 10-12 centimètres cubes de gaz (anhydride carbonique) dans 25 centimètres cubes de bouillon additionné de 2 p. 100 de lactose, après 2-3 jours à 35-40°C., tandis qu'à 25°C. elle dégage 14-15 centimètres cubes de gaz pour 25 de liquide sucré après 5-6 jours. Dans le bouillon avec 2,5 p. 100 de saccharose, le dégagement gazeux atteint en moyenne le 10 p. 100 du liquide après 24 heures à 35°C. J'ai aussi observé un sensible développement de gaz dans le bouillon presque saturé de glucose commerciale. Elle coagule le lait et liquéfie partiellement le coagulum, mais seulement après plusieurs jours, soit une semaine au plus, et sans produire une réaction sensiblement acide. Dans ce cas il y a de même une production de gaz assez considérable et aussi une séparation presque complète de la graisse à la surface du liquide.

D'après tout ce qui précède, cette levure peut certainement être considérée comme une levure *alcoolique haute* et *aérobie* et peut être également placée dans la classe des *microbes coagulant* et *liquéfiant la caséine*.

Ses cellules sont ovales ou elliptiques, plus ou moins allongées (*fig*. 1) et assez semblables à la levure de la bière (*Saccharomyces cerevisiæ*) et à la levure ordinaire du vin

(*S. ellipsoideus*), rarement rondes et souvent très allongées et presque bacillaires.

J'ai observé dans des conditions défavorables d'aération ou tout à fait anaérobiques, soit dans les milieux liquides, soit dans les cultures par piqûre ou sous paraffine, des formes irrégulières, à bords presque polygonaux, en bâtonnets plus ou moins recourbés, avec des vacuoles. Ces cellules absorbent très vite et très facilement, même à froid, toutes les différentes couleurs d'aniline et surtout le violet de méthyle ; elles résistent parfaitement à la méthode de décoloration de Gram. Les jeunes cellules colorées par la fuchsine présentent une paroi bien distincte et quelques corpuscules presque ronds ou irréguliers, plus réfringents et luisants à l'intérieur, formés peut-être de *nucléine figurée*. Dans les vieilles cultures et dans le lait elles ont souvent une *pseudo-capsule* presque tout à fait transparente et quelquefois des vacuoles. Cette levure a, en moyenne, un diamètre maximum de 4-6 micromillimètres et un diamètre minimum de 2-3 micromillimètres (fig. 1) ; mais les formes très allongées atteignent une longueur de 10 à 15 micromillimètres. Elle possède un mouvement vibratoire moléculaire (*mouvement brownien*) assez sensible et se multiplie par *bourgeonnement unilatéral*. Jusqu'ici je n'ai pas encore observé de production de spores, ni de formation d'une véritable capsule, même dans les cultures sur des morceaux de gypse, d'après la méthode de Hansen.

La température la plus favorable à son développement se trouve entre 20 degrés et 40°C. et son optimum vers 30 degrés à peu près ; cependant à 25°C. ont lieu le plus grand dégagement de gaz et le maximum d'activité physiologique, mais pendant un nombre de jours plus considérable qu'à 35°C.

Au-dessous de 20°C. la croissance de ce microorganisme est plus lente et le dégagement de gaz presque insensible. Aux environs de 40 degrés, elle est très active et le développement de gaz semble être presque impétueux ; mais à 45°C. sa vitalité s'affaiblit notablement. Une température de 50 degrés à 60°C. suffit pour produire sûrement sa mort après 10 à 15 minutes. Ainsi, un degré de chaleur de 50°C. seulement tue la levure après 5 minutes dans le bouillon et après 10-15 minutes dans le lait, tandis que pour la tuer dans le lait coagulé il faut chauffer celui-ci jusqu'à 60°C. pendant 10 à 15 minutes. Les cultures vieilles et desséchées ne sont pas douées d'un degré de résistance à la chaleur sensiblement plus élevé.

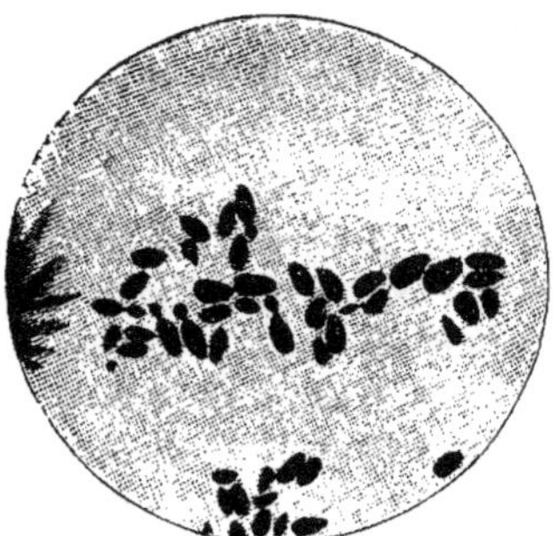

Fig. 1. — Levure adulte, grossissement de 700 diamètres.

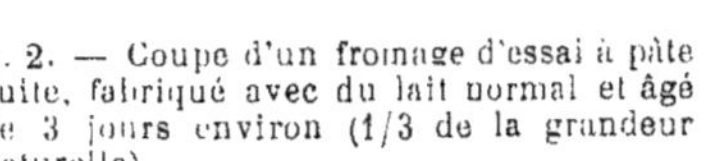

Fig. 2. — Coupe d'un fromage d'essai à pâte cuite, fabriqué avec du lait normal et âgé de 3 jours environ (1/3 de la grandeur naturelle).

Fig. 3 — Section du même fromage boursouflé artificiellement au moyen de la levure en question.

Cette levure est très sensible à l'action du sublimé à 1 p. 1000 et même à 0,5 p. 1000, et à celle de l'acide phénique à 5 p. 100 et à 2,5 p. 100, qui la tuent après quelques instants ou tout au plus après quelques minutes (1-3 jusqu'à 5 minutes au maximum), suivant le degré des solutions antiseptiques, la méthode de désinfection et l'âge de la culture. Mais elle résiste presque complètement à l'action des solutions saturées de chlorure de sodium pendant 30 à 40 minutes et du carbonate de soude à 3 p. 100 pendant 10 à 15 minutes.

Dans les liquides nutritifs renfermant 1-2 0/0 d'acide lactique elle continue à vivre. Cependant, dans ces cas, ainsi que toutes les fois que les conditions du milieu ambiant sont défavorables, la culture s'affaiblit beaucoup et donne des formes irrégulières et dégénérées mais jamais ramifiées; en conséquence, l'activité fonctionnelle de la levure et le dégagement de gaz diminuent considérablement. Après une semaine de dessiccation à 35° C, la levure est déjà tuée, mais les cultures âgées de 2 mois possèdent encore la même puissance vitale, leur facilité habituelle de développement et la même énergie fermentaire. Ordinairement elle forme un dépôt épais au fond des récipients de culture ; elle se trouve probablement dans l'air des laiteries, d'où elle pourrait infecter le lait et les fromages frais. Pour cela il sera utile de laver fréquemment et avec beaucoup de soin les parois et les planchers des laiteries à l'eau bouillante.

Cette levure inoculée, avant l'adjonction de présure, dans du lait normal, transformé ensuite en fromage, produit après 2 à 3 jours, à la température ordinaire, un sensible boursouflement même dans les fromages à *pâte dure* et *cuite*, avec production de nombreux trous dans les parties superficielles du fromage (*fig.* 2 et 3). D'autre part, il transforme le sérum de lait en une boisson mousseuse, rafraichissante et assez agréable, semblable à quelques égards au kéfyr et plus encore au *Milchchampagner*.

Le sérum infecté n'a produit aucun trouble digestif ni chez moi ni chez des chiens. Une culture de bouillon injectée par voie sous-cutanée aux cobayes et aux lapins n'a pas déterminé jusqu'ici de phénomènes pathologiques.

En somme, ce microorganisme diffère beaucoup des levures ordinaires de brasserie, du vin et de celles de la lactose étudiées par M. Kayser (1) et par d'autres savants et, en conséquence, on peut l'ajouter à la série nombreuse des bactéries boursouflant le fromage étudiées par MM. de Freudenreich (2) et Adametz (3). Pour rappeler la substance qu'il attaque de préférence, ses effets dangereux et son origine, je propose de la nommer pour le moment *Lactomyces inflans casei-grana*, c'est-à-dire *levure*

---

(1) *L. c.*
(2) *L. c.*
(3) *L. c.*

*de la lactose, boursouflant les fromages trouvée dans le
Grana.* Mais actuellement je poursuis encore une série
de recherches chimico-physiologiques comparées à l'égard
de cette levure qui sont déjà en grande partie achevées.

De tout ce qui précède et d'autres nombreuses observations et considérations, il résulte clairement que cette levure
peut être utile et nuisible à la fois dans la laiterie, puisque
d'un côté elle peut produire le boursouflement des fromages,
tandis que d'autre part elle peut être employée utilement
pour transformer le sérum de lait en une boisson alcoolique
assez agréable.

En me fondant sur ces données, je crois pouvoir formuler
les conclusions suivantes :

1° Cette levure est un saprophyte non pathogène, non
chromogène, aérobie facultatif, immobile, à *bourgeonnement unilatéral.* Elle appartient aux groupes des levures
hautes, a une forme ovale-elliptique, coagule le lait et liquéfie
partiellement le coagulum. Elle décompose de préférence la
lactose, produit une vive fermentation gazeuse et développe
principalement de l'anhydride carbonique et de l'alcool ;

2° Elle peut produire le boursouflement des fromages,
même de ceux à *pâte dure,* spécialement pendant l'été,
dans un milieu ambiant à température un peu élevée, quand
le lait est chauffé suffisamment et qu'on l'emploie après un
repos assez prolongé :

3° Il est probable qu'elle est répandue dans l'air des
laiteries ainsi que dans l'eau, la présure, etc. ; peut-être
se trouve-t-elle souvent aussi dans les fromages frais ;

4° Elle peut être combattue aisément et efficacement par
une température relativement peu élevée, en chauffant,
par exemple, pendant la fabrication du fromage, le coagulum du lait, bien divisé, à 55°-60° C. pendant 10-15 minutes, ainsi que par l'usage continuel de l'eau bouillante
dans toutes les opérations de nettoyage de la laiterie, par le
lavage des parois et des planchers à l'eau bouillante ou
avec quelques solutions antiseptiques. Il faut de même
insister sur la pureté de la présure, sur la propreté des
récipients et de leurs couvercles et spécialement des chau-
dières, en somme sur tous les moyens habituels de stérili-
sation et de propreté en général ;

5° Enfin, cette levure peut être cultivée et employée utilement, et, si l'on veut, mélangée avec quelques bonnes levures alcooliques du vin, pour transformer le sérum de lait en une boisson semblable au cidre ou au kéfyr, en ajoutant préalablement une petite quantité de sucre et d'acide tartrique du commerce.

En terminant cette note, je me fais un devoir et un plaisir de renouveler mes remerciements à mes savants maîtres, MM. le prof. D' Tavel et le D' Krumbein, son assistant, et M. le D' de Freudenreich.

Fait au laboratoire bactériologique de l'Université de Berne, mars 1894.

Tours. — Imprimerie DESLIS FRÈRES.